Wolfgang Göbels

Mathematik spielerisch trainieren

Spannende Lösungstexträtsel mit Selbstkontrolle

GRIN Verlag

Bibliografische Information der Deutschen Nationalbibliothek:

Die Deutsche Bibliothek verzeichnet diese Publikation in der Deutschen Nationalbibliografie; detaillierte bibliografische Daten sind im Internet über http://dnb.d-nb.de/ abrufbar.

Impressum:

Druck und Bindung: Books on Demand GmbH, Norderstedt Germany
ISBN: 978-3-656-03076-8

Wolfgang Göbels

Mathematik spielerisch trainieren

Spannende Lösungstexträtsel mit Selbstkontrolle

Dieses Buch enthält 25 sofort einsetzbare Arbeitsblätter zu wichtigen Mathematik-Themen der Sekundarstufe 1 in Form sog. Lösungstexträtsel. Sie bieten Ihnen als Lehrkraft enorme Entlastung und Zeitersparnis, da sie für das selbsttätige Lernen konzipiert sind und vollständige Selbstkontrolle ermöglichen. Die spielerisch-spannende Verpackung als Rätsel vermittelt Ihren Schülerinnen und Schülern höchstmögliche Motivation.

Ziel der sog. Lösungstexträtsel ist es, nach Lösung einer Aufgabenserie einen Text zu finden, der aus einem Wort oder einem Satz bestehen kann, und zwar einschließlich Leerstellen, Satzzeichen, Zahlen oder Sonderzeichen. Alle Zeichen sind in einer Tabelle mit Zahlen verschlüsselt. Bei korrekter Bearbeitung kann mit Hilfe der Tabelle jeder Aufgabenlösung ein Zeichen zugeordnet werden, so dass sich schließlich ein Lösungstext ergibt. Die im Inhaltsverzeichnis abgedruckten Lösungstexte sind bewusst ungewöhnlich gewählt, damit die Gesamtlösung nicht durch Raten gefunden werden kann, wie es zum Beispiel bei bekannten Sprichwörtern oder Gedichten der Fall sein könnte. Angesichts der Aufgabenfülle macht es hier auch Sinn, die Einzelaufgaben dosiert unter die Schülerinnen und Schüler aufzuteilen. Die Arbeitsblätter mit Lösungstexträtseln sind auf Grund der integrierten Beispiellösungen selbsterklärend. Soweit notwendig sind im Folgenden noch zusätzliche weitere Erläuterungen zusammengestellt:

Arbeitsblätter zu linearen Gleichungssystemen mit zwei Variablen:
Nach Lösung eines jeden linearen Gleichungssystems sind die jeweils zweistelligen Lösungszahlen für x und y nebeneinander zu einer vierstelligen Zahl zusammenzufassen, wobei gegebenenfalls einstellige Zahlen mit einer führenden Null ergänzt werden müssen. Diese vierstellige Zahl befindet sich in der Schlüsseltabelle. Das zugehörige darüber stehende Zeichen ist dann der Lösung zuzuordnen.

Arbeitsblätter zu linearen Gleichungssystemen mit drei Variablen:
Nach Lösung eines jeden linearen Gleichungssystems sind die jeweils zweistelligen Lösungszahlen für x, y und z nebeneinander zu einer sechsstelligen Zahl zusammenzufassen, wobei gegebenenfalls einstellige Zahlen mit einer führenden Null ergänzt werden müssen. Diese sechsstellige Zahl befindet sich in der Schlüsseltabelle. Das zugehörige darüber stehende Zeichen ist dann der Lösung zuzuordnen.

Was das Nebeneinanderschreiben betrifft gilt dies entsprechend auch für die Arbeitsblätter zum GGT.

Viel Spaß und gute Unterrichtserfolge beim Einsatz dieser innovativen Arbeitsblätter wünschen Ihnen Autor und Verlag!

Inhaltsverzeichnis

Lösungstexte

Lösungstext	Seite
Ganz genau? Ungefähr? Öfter hilft das Runden sehr!	4
Halte auseinander: Runden, Überschlagen, Schätzen!	5
Unterscheide Runden vom Überschlagen und Schätzen!	6
+ und - mit viel Schwung hält das Gedächtnis jung!	7
Denke beim Addieren und Subtrahieren an Überträge!	8
1. Summand + 2. Summand = Summe! Nichts für Dumme!	9
Plus und Mal trainieren macht fit beim Dividieren!	10
Lerne nicht für die Schule, sondern für das Leben!	11
Minuend minus Subtrahend ist gleich der Differenz!	12
Römer hatten eigene Zahlen, jedoch ohne Dezimalen.	13
Schule ist einer der wichtigsten Lebensabschnitte!	14
Fleiß ist zunächst mühsam, später immer hilfreich!	15
Kürzen hilft	16
Fleiß bildet	17
Freundschaft	18
GGT und KGV helfen dir bei der Bruchrechnung sehr!	19
Ohne Wissen ist das Leben nur halb so interessant!	20
Ein Ballon platzt, wenn man ihn zu stark aufbläst!	21
Variablenpaare treffen sehr gerne Gleichungspaare!	22
Faulheit ist ein erster Schritt in die Einsamkeit!	23
Wer seine Mitmenschen achtet wird selbst geachtet!	24
Fehler zu verzeihen zeugt von echter Freundschaft!	25
Gleichungssystem	26
Schule ist cool!	27
Trial And Error!	28

Runde

1)	27692	auf	Zehner	27690	G
2)	37833	auf	Zehner		
3)	42904	auf	Zehner		
4)	475835457	auf	Hunderttausender		
5)	12477359	auf	Zehntausender		
6)	401713608	auf	Hunderttausender		
7)	39388996	auf	Zehntausender		
8)	428962	auf	Hunderter		
9)	378260894	auf	Hunderttausender		
10)	4563273	auf	Tausender		
11)	24572905	auf	Zehntausender		
12)	1248222	auf	Tausender		
13)	33145	auf	Zehner		
14)	428963	auf	Hunderter		
15)	40173672	auf	Zehntausender		
16)	393930	auf	Hunderter		
17)	39780	auf	Zehner		
18)	889164	auf	Hunderter		
19)	4055670	auf	Tausender		
20)	4445524	auf	Tausender		
21)	24572917	auf	Zehntausender		
22)	1247862	auf	Tausender		
23)	834639	auf	Hunderter		
24)	39781	auf	Zehner		
25)	452428	auf	Hunderter		
26)	3938847	auf	Tausender		
27)	444601	auf	Hunderter		
28)	124833151	auf	Hunderttausender		
29)	405632	auf	Hunderter		
30)	4095287	auf	Tausender		
31)	42117322	auf	Zehntausender		
32)	397844	auf	Hunderter		
33)	45236131	auf	Zehntausender		
34)	124788335	auf	Hunderttausender		
35)	39003567	auf	Zehntausender		
36)	378320	auf	Hunderter		
37)	44854714	auf	Zehntausender		
38)	12482	auf	Zehner		
39)	31979	auf	Zehner		
40)	456255643	auf	Hunderttausender		
41)	428982103	auf	Hunderttausender		
42)	3899981	auf	Tausender		
43)	39388	auf	Zehner		
44)	42904	auf	Zehner		
45)	124842	auf	Hunderter		
46)	448478	auf	Hunderter		
47)	3939453	auf	Tausender		
48)	4056016	auf	Tausender		
49)	444553831	auf	Hunderttausender		
50)	12870	auf	Zehner		

!	"	%	(
1287	1326	1443	1560
)	+	,	-
1599	1677	1716	1755
.	/	0	1
1794	1833	1872	1911
2	3	4	5
1950	1989	2028	2067
6	7	8	9
2106	2145	2184	2223
:	;	<	=
2262	2301	2340	2379
>	?	A	B
2418	2457	2535	2574
C	D	E	F
2613	2652	2691	2730
G	H	I	J
2769	2808	2847	2886
K	L	M	N
2925	2964	3003	3042
O	P	Q	R
3081	3120	3159	3198
S	T	U	V
3237	3276	3315	3354
W	X	Y	Z
3393	3432	3471	3510
[	\	]	a
3549	3588	3627	3783
b	c	d	e
3822	3861	3900	3939
f	g	h	i
3978	4017	4056	4095
j	k	l	m
4134	4173	4212	4251
n	o	p	q
4290	4329	4368	4407
r	s	t	u
4446	4485	4524	4563
v	w	x	y
4602	4641	4680	4719
z	Ä	Ö	Ü
4758	7644	8346	8580
ß	ä	ö	ü
8697	8892	9594	9828

Leer
1248

Runde					
1)	280841	auf	Hunderter	280800	H
2)	378280	auf	Hunderter		
3)	421211	auf	Hunderter		
4)	452428	auf	Hunderter		
5)	3939112	auf	Tausender		
6)	1247791	auf	Tausender		
7)	37826	auf	Zehner		
8)	45631	auf	Zehner		
9)	44852401	auf	Zehntausender		
10)	39391	auf	Zehner		
11)	40951870	auf	Zehntausender		
12)	42900156	auf	Zehntausender		
13)	37825	auf	Zehner		
14)	42904	auf	Zehner		
15)	39004120	auf	Zehntausender		
16)	39390	auf	Zehner		
17)	44455643	auf	Zehntausender		
18)	2262390	auf	Tausender		
19)	124773130	auf	Hunderttausender		
20)	3198463	auf	Tausender		
21)	4563452	auf	Tausender		
22)	4290324	auf	Tausender		
23)	3900096	auf	Tausender		
24)	3939185	auf	Tausender		
25)	429024386	auf	Hunderttausender		
26)	1715622	auf	Tausender		
27)	12478579	auf	Zehntausender		
28)	858033	auf	Hunderter		
29)	38224	auf	Zehner		
30)	39387082	auf	Zehntausender		
31)	444566851	auf	Hunderttausender		
32)	448462584	auf	Hunderttausender		
33)	38607	auf	Zehner		
34)	405623933	auf	Hunderttausender		
35)	4211582	auf	Tausender		
36)	378330296	auf	Hunderttausender		
37)	40173	auf	Zehner		
38)	393885756	auf	Hunderttausender		
39)	429021	auf	Hunderter		
40)	171586732	auf	Hunderttausender		
41)	12480	auf	Zehner		
42)	3237153	auf	Tausender		
43)	38605782	auf	Zehntausender		
44)	405579842	auf	Hunderttausender		
45)	889192766	auf	Hunderttausender		
46)	452361895	auf	Hunderttausender		
47)	47584401	auf	Zehntausender		
48)	39389867	auf	Zehntausender		
49)	428978	auf	Hunderter		
50)	12867077	auf	Zehntausender		

!	"	%	(
1287	1326	1443	1560
)	+	,	-
1599	1677	1716	1755
.	/	0	1
1794	1833	1872	1911
2	3	4	5
1950	1989	2028	2067
6	7	8	9
2106	2145	2184	2223
:	;	<	=
2262	2301	2340	2379
>	?	A	B
2418	2457	2535	2574
C	D	E	F
2613	2652	2691	2730
G	H	I	J
2769	2808	2847	2886
K	L	M	N
2925	2964	3003	3042
O	P	Q	R
3081	3120	3159	3198
S	T	U	V
3237	3276	3315	3354
W	X	Y	Z
3393	3432	3471	3510
[	\	]	a
3549	3588	3627	3783
b	c	d	e
3822	3861	3900	3939
f	g	h	i
3978	4017	4056	4095
j	k	l	m
4134	4173	4212	4251
n	o	p	q
4290	4329	4368	4407
r	s	t	u
4446	4485	4524	4563
v	w	x	y
4602	4641	4680	4719
z	Ä	Ö	Ü
4758	7644	8346	8580
ß	ä	ö	ü
8697	8892	9594	9828

Leer
1248

Runde

1)	3315305	auf	Tausender	3315000	U
2)	42896	auf	Zehner		
3)	452412314	auf	Hunderttausender		
4)	39389	auf	Zehner		
5)	444636612	auf	Hunderttausender		
6)	44851	auf	Zehner		
7)	38612492	auf	Zehntausender		
8)	40558842	auf	Zehntausender		
9)	39387	auf	Zehner		
10)	40947	auf	Zehner		
11)	38995194	auf	Zehntausender		
12)	39387004	auf	Zehntausender		
13)	12482679	auf	Zehntausender		
14)	31976	auf	Zehner		
15)	456312904	auf	Hunderttausender		
16)	42897361	auf	Zehntausender		
17)	3899543	auf	Tausender		
18)	39385761	auf	Zehntausender		
19)	428989658	auf	Hunderttausender		
20)	1248363	auf	Tausender		
21)	460240	auf	Hunderter		
22)	4329334	auf	Tausender		
23)	425114	auf	Hunderter		
24)	124847	auf	Hunderter		
25)	8580311	auf	Tausender		
26)	3822360	auf	Tausender		
27)	39391993	auf	Zehntausender		
28)	4445569	auf	Tausender		
29)	44846	auf	Zehner		
30)	3861031	auf	Tausender		
31)	40557	auf	Zehner		
32)	421155365	auf	Hunderttausender		
33)	3782534	auf	Tausender		
34)	40167270	auf	Zehntausender		
35)	393912	auf	Hunderter		
36)	42900	auf	Zehner		
37)	12480	auf	Zehner		
38)	4562983	auf	Tausender		
39)	428964	auf	Hunderter		
40)	389983	auf	Hunderter		
41)	12476	auf	Zehner		
42)	323723	auf	Hunderter		
43)	3860551	auf	Tausender		
44)	405619054	auf	Hunderttausender		
45)	8892065	auf	Tausender		
46)	452411	auf	Hunderter		
47)	47578071	auf	Zehntausender		
48)	39391	auf	Zehner		
49)	428977740	auf	Hunderttausender		
50)	1287384	auf	Tausender		

!	"	%	(
1287	1326	1443	1560
)	+	,	-
1599	1677	1716	1755
.	/	0	1
1794	1833	1872	1911
2	3	4	5
1950	1989	2028	2067
6	7	8	9
2106	2145	2184	2223
:	;	<	=
2262	2301	2340	2379
>	?	A	B
2418	2457	2535	2574
C	D	E	F
2613	2652	2691	2730
G	H	I	J
2769	2808	2847	2886
K	L	M	N
2925	2964	3003	3042
O	P	Q	R
3081	3120	3159	3198
S	T	U	V
3237	3276	3315	3354
W	X	Y	Z
3393	3432	3471	3510
[	\	]	a
3549	3588	3627	3783
b	c	d	e
3822	3861	3900	3939
f	g	h	i
3978	4017	4056	4095
j	k	l	m
4134	4173	4212	4251
n	o	p	q
4290	4329	4368	4407
r	s	t	u
4446	4485	4524	4563
v	w	x	y
4602	4641	4680	4719
z	Ä	Ö	Ü
4758	7644	8346	8580
ß	ä	ö	ü
8697	8892	9594	9828

Leer
1248

1)	3458	-	1781	=	1677	+
2)	8303	-	7055	=		
3)	1937	+	2626	=		
4)	4450	-	160	=		
5)	8187	-	4287	=		
6)	9852	-	8604	=		
7)	3696	-	1941	=		
8)	2751	-	1503	=		
9)	1484	+	2767	=		
10)	6182	-	2087	=		
11)	6556	-	2032	=		
12)	9289	-	8041	=		
13)	472	+	4130	=		
14)	3711	+	384	=		
15)	7761	-	3822	=		
16)	3751	+	461	=		
17)	7223	-	5975	=		
18)	4573	-	1336	=		
19)	2079	+	1782	=		
20)	680	+	3376	=		
21)	5262	-	621	=		
22)	645	+	3918	=		
23)	1828	+	2462	=		
24)	2929	+	1088	=		
25)	7140	-	5892	=		
26)	624	+	3432	=		
27)	8203	+	689	=		
28)	3093	+	1119	=		
29)	9035	-	4511	=		
30)	9046	-	7798	=		
31)	589	+	3311	=		
32)	3422	+	361	=		
33)	2800	+	1685	=		
34)	3529	-	2281	=		
35)	1980	+	789	=		
36)	4831	-	892	=		
37)	6868	-	2968	=		
38)	2092	+	6800	=		
39)	2866	+	995	=		
40)	4178	-	122	=		
41)	6787	-	2263	=		
42)	6919	-	2629	=		
43)	7241	-	3146	=		
44)	8467	-	3982	=		
45)	8063	-	6815	=		
46)	1236	+	2898	=		
47)	3784	+	779	=		
48)	5695	-	1405	=		
49)	8240	-	4223	=		
50)	6349	-	5062	=		

!	"	%	(
1287	1326	1443	1560
)	+	,	-
1599	1677	1716	1755
.	/	0	1
1794	1833	1872	1911
2	3	4	5
1950	1989	2028	2067
6	7	8	9
2106	2145	2184	2223
:	;	<	=
2262	2301	2340	2379
>	?	A	B
2418	2457	2535	2574
C	D	E	F
2613	2652	2691	2730
G	H	I	J
2769	2808	2847	2886
K	L	M	N
2925	2964	3003	3042
O	P	Q	R
3081	3120	3159	3198
S	T	U	V
3237	3276	3315	3354
W	X	Y	Z
3393	3432	3471	3510
[	\	]	a
3549	3588	3627	3783
b	c	d	e
3822	3861	3900	3939
f	g	h	i
3978	4017	4056	4095
j	k	l	m
4134	4173	4212	4251
n	o	p	q
4290	4329	4368	4407
r	s	t	u
4446	4485	4524	4563
v	w	x	y
4602	4641	4680	4719
z	Ä	Ö	Ü
4758	7644	8346	8580
ß	ä	ö	ü
8697	8892	9594	9828

Leer
1248

1)	6845	-	4193	=	2652	D
2)	5566	-	1627	=		
3)	4850	-	560	=		
4)	7436	-	3263	=		
5)	7528	-	3589	=		
6)	4051	-	2803	=		
7)	7482	-	3660	=		
8)	4031	-	92	=		
9)	4764	-	669	=		
10)	7819	-	3568	=		
11)	8193	-	6945	=		
12)	7555	-	5020	=		
13)	8202	-	4302	=		
14)	4831	-	931	=		
15)	4566	-	471	=		
16)	5365	-	1426	=		
17)	199	+	4247	=		
18)	4921	-	982	=		
19)	6619	-	2329	=		
20)	9934	-	8686	=		
21)	1896	+	2667	=		
22)	3245	+	1045	=		
23)	2082	+	1818	=		
24)	780	+	468	=		
25)	6718	-	3481	=		
26)	7002	-	2439	=		
27)	672	+	3150	=		
28)	382	+	4142	=		
29)	5225	-	779	=		
30)	4242	-	459	=		
31)	8667	-	4611	=		
32)	6120	-	2025	=		
33)	3304	+	635	=		
34)	8866	-	4420	=		
35)	1402	+	2537	=		
36)	4399	-	109	=		
37)	4363	-	3115	=		
38)	7375	-	3592	=		
39)	2682	+	1608	=		
40)	6839	-	5591	=		
41)	7358	+	1222	=		
42)	4844	-	1022	=		
43)	5999	-	2060	=		
44)	498	+	3948	=		
45)	1414	+	3110	=		
46)	996	+	3450	=		
47)	8223	+	669	=		
48)	1315	+	2702	=		
49)	4597	-	658	=		
50)	1825	-	538	=		

!	"	%	(
1287	1326	1443	1560
)	+	,	-
1599	1677	1716	1755
.	/	0	1
1794	1833	1872	1911
2	3	4	5
1950	1989	2028	2067
6	7	8	9
2106	2145	2184	2223
:	;	<	=
2262	2301	2340	2379
>	?	A	B
2418	2457	2535	2574
C	D	E	F
2613	2652	2691	2730
G	H	I	J
2769	2808	2847	2886
K	L	M	N
2925	2964	3003	3042
O	P	Q	R
3081	3120	3159	3198
S	T	U	V
3237	3276	3315	3354
W	X	Y	Z
3393	3432	3471	3510
[	\	]	a
3549	3588	3627	3783
b	c	d	e
3822	3861	3900	3939
f	g	h	i
3978	4017	4056	4095
j	k	l	m
4134	4173	4212	4251
n	o	p	q
4290	4329	4368	4407
r	s	t	u
4446	4485	4524	4563
v	w	x	y
4602	4641	4680	4719
z	Ä	Ö	Ü
4758	7644	8346	8580
ß	ä	ö	ü
8697	8892	9594	9828

Leer
1248

1)	339	+	1572	=	1911	1
2)	48	+	1746	=		
3)	9923	-	8675	=		
4)	4658	-	1421	=		
5)	1866	+	2697	=		
6)	2097	+	2154	=		
7)	9404	-	5153	=		
8)	5596	-	1813	=		
9)	2916	+	1374	=		
10)	3795	+	105	=		
11)	5206	-	3958	=		
12)	4446	-	2769	=		
13)	721	+	527	=		
14)	2155	-	205	=		
15)	2469	-	675	=		
16)	7798	-	6550	=		
17)	8037	-	4800	=		
18)	5357	-	794	=		
19)	6632	-	2381	=		
20)	8084	-	3833	=		
21)	9419	-	5636	=		
22)	7422	-	3132	=		
23)	3695	+	205	=		
24)	6211	-	4963	=		
25)	5033	-	2654	=		
26)	4052	-	2804	=		
27)	5475	-	2238	=		
28)	3028	+	1535	=		
29)	6864	-	2613	=		
30)	6835	-	2584	=		
31)	7112	-	3173	=		
32)	2112	-	825	=		
33)	8826	-	7578	=		
34)	6382	-	3340	=		
35)	3929	+	166	=		
36)	2873	+	988	=		
37)	7416	-	3360	=		
38)	5243	-	719	=		
39)	3816	+	669	=		
40)	8430	-	7182	=		
41)	4908	-	930	=		
42)	2653	+	7175	=		
43)	7407	-	2961	=		
44)	3034	-	1786	=		
45)	4632	-	1980	=		
46)	9739	-	5176	=		
47)	791	+	3460	=		
48)	8727	-	4476	=		
49)	8475	-	4536	=		
50)	5571	-	4284	=		

!	"	%	(
1287	1326	1443	1560
)	+	,	-
1599	1677	1716	1755
.	/	0	1
1794	1833	1872	1911
2	3	4	5
1950	1989	2028	2067
6	7	8	9
2106	2145	2184	2223
:	;	<	=
2262	2301	2340	2379
>	?	A	B
2418	2457	2535	2574
C	D	E	F
2613	2652	2691	2730
G	H	I	J
2769	2808	2847	2886
K	L	M	N
2925	2964	3003	3042
O	P	Q	R
3081	3120	3159	3198
S	T	U	V
3237	3276	3315	3354
W	X	Y	Z
3393	3432	3471	3510
[	\	]	a
3549	3588	3627	3783
b	c	d	e
3822	3861	3900	3939
f	g	h	i
3978	4017	4056	4095
j	k	l	m
4134	4173	4212	4251
n	o	p	q
4290	4329	4368	4407
r	s	t	u
4446	4485	4524	4563
v	w	x	y
4602	4641	4680	4719
z	Ä	Ö	Ü
4758	7644	8346	8580
ß	ä	ö	ü
8697	8892	9594	9828

Leer
1248

1)	10960	:	137	=	80	P
2)	25704	:	238	=		
3)	21060	:	180	=		
4)	10120	:	88	=		
5)	3872	:	121	=		
6)	25623	:	219	=		
7)	17270	:	157	=		
8)	21100	:	211	=		
9)	288	:	9	=		
10)	10395	:	135	=		
11)	15520	:	160	=		
12)	8964	:	83	=		
13)	7488	:	234	=		
14)	25404	:	219	=		
15)	3990	:	35	=		
16)	11931	:	123	=		
17)	420	:	4	=		
18)	26400	:	240	=		
19)	22365	:	213	=		
20)	25250	:	250	=		
21)	27246	:	239	=		
22)	19796	:	196	=		
23)	20680	:	188	=		
24)	5344	:	167	=		
25)	10028	:	92	=		
26)	14356	:	148	=		
27)	25047	:	253	=		
28)	16328	:	157	=		
29)	11832	:	102	=		
30)	384	:	12	=		
31)	10302	:	101	=		
32)	24150	:	230	=		
33)	25868	:	223	=		
34)	3040	:	95	=		
35)	10682	:	109	=		
36)	6262	:	62	=		
37)	7140	:	68	=		
38)	9047	:	83	=		
39)	1824	:	57	=		
40)	6188	:	91	=		
41)	18270	:	174	=		
42)	6372	:	54	=		
43)	16905	:	161	=		
44)	19000	:	190	=		
45)	18060	:	172	=		
46)	9595	:	95	=		
47)	23598	:	207	=		
48)	2424	:	24	=		
49)	3190	:	29	=		
50)	3003	:	91	=		

!	"	%	(
33	34	37	40
)	+	,	-
41	43	44	45
.	/	0	1
46	47	48	49
2	3	4	5
50	51	52	53
6	7	8	9
54	55	56	57
:	;	<	=
58	59	60	61
>	?	A	B
62	63	65	66
C	D	E	F
67	68	69	70
G	H	I	J
71	72	73	74
K	L	M	N
75	76	77	78
O	P	Q	R
79	80	81	82
S	T	U	V
83	84	85	86
W	X	Y	Z
87	88	89	90
[	\	]	a
91	92	93	97
b	c	d	e
98	99	100	101
f	g	h	i
102	103	104	105
j	k	l	m
106	107	108	109
n	o	p	q
110	111	112	113
r	s	t	u
114	115	116	117
v	w	x	y
118	119	120	121
z	Ä	Ö	Ü
122	196	214	220
ß	ä	ö	ü
223	228	246	252

Leer
32

1)	12388	:	163	=	76	L
2)	6363	:	63	=		
3)	18468	:	162	=		
4)	25190	:	229	=		
5)	4444	:	44	=		
6)	320	:	10	=		
7)	9130	:	83	=		
8)	24570	:	234	=		
9)	24552	:	248	=		
10)	20072	:	193	=		
11)	14616	:	126	=		
12)	576	:	18	=		
13)	23154	:	227	=		
14)	44352	:	176	=		
15)	14934	:	131	=		
16)	7840	:	245	=		
17)	19100	:	191	=		
18)	735	:	7	=		
19)	23028	:	228	=		
20)	2784	:	87	=		
21)	20418	:	246	=		
22)	11187	:	113	=		
23)	14768	:	142	=		
24)	4563	:	39	=		
25)	20952	:	194	=		
26)	10807	:	107	=		
27)	6116	:	139	=		
28)	6688	:	209	=		
29)	24840	:	216	=		
30)	23976	:	216	=		
31)	11440	:	104	=		
32)	20900	:	209	=		
33)	6868	:	68	=		
34)	8094	:	71	=		
35)	15510	:	141	=		
36)	7936	:	248	=		
37)	11220	:	110	=		
38)	43092	:	171	=		
39)	5928	:	52	=		
40)	672	:	21	=		
41)	24300	:	243	=		
42)	16975	:	175	=		
43)	12535	:	109	=		
44)	2240	:	70	=		
45)	13072	:	172	=		
46)	3939	:	39	=		
47)	16170	:	165	=		
48)	11009	:	109	=		
49)	27830	:	253	=		
50)	1584	:	48	=		

!	"	%	(
33	34	37	40
)	+	,	-
41	43	44	45
.	/	0	1
46	47	48	49
2	3	4	5
50	51	52	53
6	7	8	9
54	55	56	57
:	;	<	=
58	59	60	61
>	?	A	B
62	63	65	66
C	D	E	F
67	68	69	70
G	H	I	J
71	72	73	74
K	L	M	N
75	76	77	78
O	P	Q	R
79	80	81	82
S	T	U	V
83	84	85	86
W	X	Y	Z
87	88	89	90
[	\	]	a
91	92	93	97
b	c	d	e
98	99	100	101
f	g	h	i
102	103	104	105
j	k	l	m
106	107	108	109
n	o	p	q
110	111	112	113
r	s	t	u
114	115	116	117
v	w	x	y
118	119	120	121
z	Ä	Ö	Ü
122	196	214	220
ß	ä	ö	ü
223	228	246	252

Leer
32

1)	6083	:	79	=	77	M
2)	26145	:	249	=		
3)	23980	:	218	=		
4)	18135	:	155	=		
5)	21816	:	216	=		
6)	17490	:	159	=		
7)	20300	:	203	=		
8)	64	:	2	=		
9)	13407	:	123	=		
10)	1785	:	17	=		
11)	15730	:	143	=		
12)	15444	:	132	=		
13)	4140	:	36	=		
14)	576	:	18	=		
15)	14525	:	175	=		
16)	4680	:	40	=		
17)	24108	:	246	=		
18)	12412	:	107	=		
19)	7752	:	68	=		
20)	14938	:	154	=		
21)	17680	:	170	=		
22)	10504	:	104	=		
23)	18590	:	169	=		
24)	13000	:	130	=		
25)	6912	:	216	=		
26)	8820	:	84	=		
27)	15065	:	131	=		
28)	9048	:	78	=		
29)	7968	:	249	=		
30)	15244	:	148	=		
31)	7344	:	68	=		
32)	20402	:	202	=		
33)	11865	:	113	=		
34)	13860	:	140	=		
35)	19760	:	190	=		
36)	1792	:	56	=		
37)	18200	:	182	=		
38)	24543	:	243	=		
39)	28956	:	254	=		
40)	3392	:	106	=		
41)	10200	:	150	=		
42)	11130	:	106	=		
43)	24276	:	238	=		
44)	22542	:	221	=		
45)	18483	:	183	=		
46)	23712	:	208	=		
47)	909	:	9	=		
48)	25740	:	234	=		
49)	29036	:	238	=		
50)	1287	:	39	=		

!	"	%	(
33	34	37	40
)	+	,	-
41	43	44	45
.	/	0	1
46	47	48	49
2	3	4	5
50	51	52	53
6	7	8	9
54	55	56	57
:	;	<	=
58	59	60	61
>	?	A	B
62	63	65	66
C	D	E	F
67	68	69	70
G	H	I	J
71	72	73	74
K	L	M	N
75	76	77	78
O	P	Q	R
79	80	81	82
S	T	U	V
83	84	85	86
W	X	Y	Z
87	88	89	90
[	\	]	a
91	92	93	97
b	c	d	e
98	99	100	101
f	g	h	i
102	103	104	105
j	k	l	m
106	107	108	109
n	o	p	q
110	111	112	113
r	s	t	u
114	115	116	117
v	w	x	y
118	119	120	121
z	Ä	Ö	Ü
122	196	214	220
ß	ä	ö	ü
223	228	246	252

Leer
32

1)	MCCXXX	=	1230	R
2)	MMMDCXC	=		
3)	MDCXXXV	=		
4)	MDXV	=		
5)	MDCCX	=		
6)	CDLXXX	=		
7)	MDLX	=		
8)	MCDLV	=		
9)	MDCCXL	=		
10)	MDCCXL	=		
11)	MDXV	=		
12)	MDCL	=		
13)	CDLXXX	=		
14)	MDXV	=		
15)	MDLXXV	=		
16)	MDXLV	=		
17)	MDXV	=		
18)	MDCL	=		
19)	MDXV	=		
20)	CDLXXX	=		
21)	MCCCL	=		
22)	MCDLV	=		
23)	MDLX	=		
24)	MDCXX	=		
25)	MDXV	=		
26)	MDCL	=		
27)	DCLX	=		
28)	CDLXXX	=		
29)	MDXC	=		
30)	MDXV	=		
31)	MD	=		
32)	MDCLXV	=		
33)	MCDLXXXV	=		
34)	MDLX	=		
35)	CDLXXX	=		
36)	MDCLXV	=		
37)	MDLX	=		
38)	MDCL	=		
39)	MDXV	=		
40)	CDLXXX	=		
41)	MXX	=		
42)	MDXV	=		
43)	MDCCCXXX	=		
44)	MDLXXV	=		
45)	MDCXXXV	=		
46)	MCDLV	=		
47)	MDCXX	=		
48)	MDXV	=		
49)	MDCL	=		
50)	DCXC	=		

! 495	" 510	% 555	(600
) 615	+ 645	, 660	- 675
. 690	/ 705	0 720	1 735
2 750	3 765	4 780	5 795
6 810	7 825	8 840	9 855
: 870	; 885	< 900	= 915
> 930	? 945	A 975	B 990
C 1005	D 1020	E 1035	F 1050
G 1065	H 1080	I 1095	J 1110
K 1125	L 1140	M 1155	N 1170
O 1185	P 1200	Q 1215	R 1230
S 1245	T 1260	U 1275	V 1290
W 1305	X 1320	Y 1335	Z 1350
[1365	\ 1380	] 1395	a 1455
b 1470	c 1485	d 1500	e 1515
f 1530	g 1545	h 1560	i 1575
j 1590	k 1605	l 1620	m 1635
n 1650	o 1665	p 1680	q 1695
r 1710	s 1725	t 1740	u 1755
v 1770	w 1785	x 1800	y 1815
z 1830	Ä 2940	Ö 3210	Ü 3300
ß 3345	ä 3420	ö 3690	ü 3780

Leer 480

1)	MCCXLV	=	1245	S	
2)	MCDLXXXV	=			
3)	MDLX	=			
4)	MDCCLV	=			
5)	MDCXX	=			
6)	MDXV	=			
7)	CDLXXX	=			
8)	MDLXXV	=			
9)	MDCCXXV	=			
10)	MDCCXL	=			
11)	CDLXXX	=			
12)	MDXV	=			
13)	MDLXXV	=			
14)	MDCL	=			
15)	MDXV	=			
16)	MDCCX	=			
17)	CDLXXX	=			
18)	MD	=			
19)	MDXV	=			
20)	MDCCX	=			
21)	CDLXXX	=			
22)	MDCCLXXXV	=			
23)	MDLXXV	=			
24)	MCDLXXXV	=			
25)	MDLX	=			
26)	MDCCXL	=			
27)	MDLXXV	=			
28)	MDXLV	=			
29)	MDCCXXV	=			
30)	MDCCXL	=			
31)	MDXV	=			
32)	MDCL	=			
33)	CDLXXX	=			
34)	MCXL	=			
35)	MDXV	=			
36)	MCDLXX	=			
37)	MDXV	=			
38)	MDCL	=			
39)	MDCCXXV	=			
40)	MCDLV	=			
41)	MCDLXX	=			
42)	MDCCXXV	=			
43)	MCDLXXXV	=			
44)	MDLX	=			
45)	MDCL	=			
46)	MDLXXV	=			
47)	MDCCXL	=			
48)	MDCCXL	=			
49)	MDXV	=			
50)	CDXCV	=			

!	"	%	(
495	510	555	600
)	+	,	-
615	645	660	675
.	/	0	1
690	705	720	735
2	3	4	5
750	765	780	795
6	7	8	9
810	825	840	855
:	;	<	=
870	885	900	915
>	?	A	B
930	945	975	990
C	D	E	F
1005	1020	1035	1050
G	H	I	J
1065	1080	1095	1110
K	L	M	N
1125	1140	1155	1170
O	P	Q	R
1185	1200	1215	1230
S	T	U	V
1245	1260	1275	1290
W	X	Y	Z
1305	1320	1335	1350
[	\	]	a
1365	1380	1395	1455
b	c	d	e
1470	1485	1500	1515
f	g	h	i
1530	1545	1560	1575
j	k	l	m
1590	1605	1620	1635
n	o	p	q
1650	1665	1680	1695
r	s	t	u
1710	1725	1740	1755
v	w	x	y
1770	1785	1800	1815
z	Ä	Ö	Ü
1830	2940	3210	3300
ß	ä	ö	ü
3345	3420	3690	3780

Leer
480

1)	ML	=	1050	F
2)	MDCXX	=		
3)	MDXV	=		
4)	MDLXXV	=		
5)	MMMCCCXLV	=		
6)	CDLXXX	=		
7)	MDLXXV	=		
8)	MDCCXXV	=		
9)	MDCCXL	=		
10)	CDLXXX	=		
11)	MDCCCXXX	=		
12)	MDCCLV	=		
13)	MDCL	=		
14)	MMMCDXX	=		
15)	MCDLXXXV	=		
16)	MDLX	=		
17)	MDCCXXV	=		
18)	MDCCXL	=		
19)	CDLXXX	=		
20)	MDCXXXV	=		
21)	MMMDCCLXXX	=		
22)	MDLX	=		
23)	MDCCXXV	=		
24)	MCDLV	=		
25)	MDCXXXV	=		
26)	DCLX	=		
27)	CDLXXX	=		
28)	MDCCXXV	=		
29)	MDCLXXX	=		
30)	MMMCDXX	=		
31)	MDCCXL	=		
32)	MDXV	=		
33)	MDCCX	=		
34)	CDLXXX	=		
35)	MDLXXV	=		
36)	MDCXXXV	=		
37)	MDCXXXV	=		
38)	MDXV	=		
39)	MDCCX	=		
40)	CDLXXX	=		
41)	MDLX	=		
42)	MDLXXV	=		
43)	MDCXX	=		
44)	MDXXX	=		
45)	MDCCX	=		
46)	MDXV	=		
47)	MDLXXV	=		
48)	MCDLXXXV	=		
49)	MDLX	=		
50)	CDXCV	=		

! 495	" 510	% 555	(600
) 615	+ 645	, 660	- 675
. 690	/ 705	0 720	1 735
2 750	3 765	4 780	5 795
6 810	7 825	8 840	9 855
: 870	; 885	< 900	= 915
> 930	? 945	A 975	B 990
C 1005	D 1020	E 1035	F 1050
G 1065	H 1080	I 1095	J 1110
K 1125	L 1140	M 1155	N 1170
O 1185	P 1200	Q 1215	R 1230
S 1245	T 1260	U 1275	V 1290
W 1305	X 1320	Y 1335	Z 1350
[1365	\ 1380	] 1395	a 1455
b 1470	c 1485	d 1500	e 1515
f 1530	g 1545	h 1560	i 1575
j 1590	k 1605	l 1620	m 1635
n 1650	o 1665	p 1680	q 1695
r 1710	s 1725	t 1740	u 1755
v 1770	w 1785	x 1800	y 1815
z 1830	Ä 2940	Ö 3210	Ü 3300
ß 3345	ä 3420	ö 3690	ü 3780

Leer 480

	Kürze mit			
1)	4	$\frac{116}{116}$ =	$\frac{29}{29}$	K
2)	4	$\frac{392}{128}$ =		
3)	2	$\frac{88}{100}$ =		
4)	2	$\frac{94}{124}$ =		
5)	4	$\frac{156}{172}$ =		
6)	4	$\frac{168}{376}$ =		
7)	10	$\frac{120}{520}$ =		
8)	9	$\frac{360}{540}$ =		
9)	9	$\frac{360}{891}$ =		
10)	4	$\frac{168}{64}$ =		
11)	4	$\frac{156}{328}$ =		
12)	6	$\frac{270}{168}$ =		

!	"	%	(
1291	1330	1447	1564
)	+	,	-
1603	1681	1720	1759
.	/	0	1
1798	1837	1876	1915
2	3	4	5
1954	1993	2032	2071
6	7	8	9
2110	2149	2188	2227
:	;	<	=
2266	2305	2344	2383
>	?	A	B
2422	2461	2539	2578
C	D	E	F
2617	2656	2695	2734
G	H	I	J
2773	2812	2851	2890
K	L	M	N
2929	2968	3007	3046
O	P	Q	R
3085	3124	3163	3202
S	T	U	V
3241	3280	3319	3358
W	X	Y	Z
3397	3436	3475	3514
[	\	]	a
3553	3592	3631	3787
b	c	d	e
3826	3865	3904	3943
f	g	h	i
3982	4021	4060	4099
j	k	l	m
4138	4177	4216	4255
n	o	p	q
4294	4333	4372	4411
r	s	t	u
4450	4489	4528	4567
v	w	x	y
4606	4645	4684	4723
z	Ä	Ö	Ü
4762	7648	8350	8584
ß	ä	ö	ü
8701	8896	9598	9832

Leer
1252

	Kürze mit			
1)	8	216 / 272 =	27 / 34	F
2)	4	168 / 64 =		
3)	9	351 / 387 =		
4)	6	240 / 594 =		
5)	5	435 / 5 =		
6)	8	96 / 416 =		
7)	4	152 / 104 =		
8)	8	320 / 792 =		
9)	9	378 / 144 =		
10)	5	195 / 20 =		
11)	3	117 / 129 =		
12)	2	90 / 56 =		

!	"	%	(
1291	1330	1447	1564
)	+	,	-
1603	1681	1720	1759
.	/	0	1
1798	1837	1876	1915
2	3	4	5
1954	1993	2032	2071
6	7	8	9
2110	2149	2188	2227
:	;	<	=
2266	2305	2344	2383
>	?	A	B
2422	2461	2539	2578
C	D	E	F
2617	2656	2695	2734
G	H	I	J
2773	2812	2851	2890
K	L	M	N
2929	2968	3007	3046
O	P	Q	R
3085	3124	3163	3202
S	T	U	V
3241	3280	3319	3358
W	X	Y	Z
3397	3436	3475	3514
[	\	]	a
3553	3592	3631	3787
b	c	d	e
3826	3865	3904	3943
f	g	h	i
3982	4021	4060	4099
j	k	l	m
4138	4177	4216	4255
n	o	p	q
4294	4333	4372	4411
r	s	t	u
4450	4489	4528	4567
v	w	x	y
4606	4645	4684	4723
z	Ä	Ö	Ü
4762	7648	8350	8584
ß	ä	ö	ü
8701	8896	9598	9832

Leer
1252

	Kürze mit			
1)	4	$\frac{108}{136}$ =	$\frac{27}{34}$	F
2)	8	$\frac{352}{400}$ =		
3)	8	$\frac{312}{344}$ =		
4)	3	$\frac{135}{201}$ =		
5)	3	$\frac{126}{282}$ =		
6)	2	$\frac{78}{8}$ =		
7)	8	$\frac{352}{712}$ =		
8)	2	$\frac{76}{130}$ =		
9)	10	$\frac{400}{600}$ =		
10)	4	$\frac{148}{348}$ =		
11)	3	$\frac{117}{246}$ =		
12)	8	$\frac{360}{224}$ =		

!	"	%	(
1291	1330	1447	1564
)	+	,	-
1603	1681	1720	1759
.	/	0	1
1798	1837	1876	1915
2	3	4	5
1954	1993	2032	2071
6	7	8	9
2110	2149	2188	2227
:	;	<	=
2266	2305	2344	2383
>	?	A	B
2422	2461	2539	2578
C	D	E	F
2617	2656	2695	2734
G	H	I	J
2773	2812	2851	2890
K	L	M	N
2929	2968	3007	3046
O	P	Q	R
3085	3124	3163	3202
S	T	U	V
3241	3280	3319	3358
W	X	Y	Z
3397	3436	3475	3514
[	\	]	a
3553	3592	3631	3787
b	c	d	e
3826	3865	3904	3943
f	g	h	i
3982	4021	4060	4099
j	k	l	m
4138	4177	4216	4255
n	o	p	q
4294	4333	4372	4411
r	s	t	u
4450	4489	4528	4567
v	w	x	y
4606	4645	4684	4723
z	Ä	Ö	Ü
4762	7648	8350	8584
ß	ä	ö	ü
8701	8896	9598	9832

Leer
1252

1)	ggT(135 ; 108)	; ggT(73 ; 146)	2773	G
2)	ggT(81 ; 108)	; ggT(73 ; 146)		
3)	ggT(32 ; 64)	; ggT(240 ; 160)		
4)	ggT(60 ; 24)	; ggT(52 ; 208)		
5)	ggT(225 ; 45)	; ggT(201 ; 268)		
6)	ggT(126 ; 84)	; ggT(470 ; 188)		
7)	ggT(39 ; 39)	; ggT(4 ; 8)		
8)	ggT(60 ; 24)	; ggT(156 ; 208)		
9)	ggT(29 ; 116)	; ggT(145 ; 58)		
10)	ggT(27 ; 27)	; ggT(219 ; 292)		
11)	ggT(99 ; 33)	; ggT(174 ; 58)		
12)	ggT(12 ; 24)	; ggT(260 ; 52)		
13)	ggT(40 ; 80)	; ggT(300 ; 240)		
14)	ggT(195 ; 78)	; ggT(215 ; 43)		
15)	ggT(126 ; 84)	; ggT(16 ; 32)		
16)	ggT(39 ; 39)	; ggT(410 ; 164)		
17)	ggT(39 ; 39)	; ggT(43 ; 43)		
18)	ggT(210 ; 84)	; ggT(282 ; 94)		
19)	ggT(36 ; 24)	; ggT(260 ; 104)		
20)	ggT(117 ; 78)	; ggT(4 ; 8)		
21)	ggT(120 ; 40)	; ggT(99 ; 99)		
22)	ggT(220 ; 44)	; ggT(50 ; 200)		
23)	ggT(12 ; 48)	; ggT(260 ; 104)		
24)	ggT(38 ; 38)	; ggT(130 ; 104)		
25)	ggT(195 ; 78)	; ggT(215 ; 43)		
26)	ggT(40 ; 80)	; ggT(297 ; 99)		
27)	ggT(60 ; 48)	; ggT(260 ; 52)		
28)	ggT(195 ; 78)	; ggT(20 ; 8)		
29)	ggT(39 ; 39)	; ggT(215 ; 86)		
30)	ggT(132 ; 176)	; ggT(50 ; 50)		
31)	ggT(36 ; 24)	; ggT(156 ; 208)		
32)	ggT(25 ; 25)	; ggT(390 ; 312)		
33)	ggT(132 ; 176)	; ggT(150 ; 100)		
34)	ggT(135 ; 90)	; ggT(335 ; 268)		
35)	ggT(114 ; 76)	; ggT(195 ; 260)		
36)	ggT(200 ; 160)	; ggT(60 ; 120)		
37)	ggT(44 ; 176)	; ggT(150 ; 100)		
38)	ggT(117 ; 156)	; ggT(43 ; 172)		
39)	ggT(190 ; 152)	; ggT(65 ; 260)		
40)	ggT(120 ; 80)	; ggT(300 ; 240)		
41)	ggT(126 ; 42)	; ggT(282 ; 188)		
42)	ggT(45 ; 45)	; ggT(201 ; 134)		
43)	ggT(210 ; 84)	; ggT(282 ; 376)		
44)	ggT(40 ; 40)	; ggT(63 ; 84)		
45)	ggT(36 ; 48)	; ggT(260 ; 52)		
46)	ggT(44 ; 44)	; ggT(89 ; 356)		
47)	ggT(195 ; 39)	; ggT(43 ; 43)		
48)	ggT(120 ; 80)	; ggT(300 ; 240)		
49)	ggT(220 ; 88)	; ggT(50 ; 100)		
50)	ggT(36 ; 24)	; ggT(455 ; 364)		

! 1291	" 1330	% 1447	(1564
) 1603	+ 1681	, 1720	- 1759
. 1798	/ 1837	0 1876	1 1915
2 1954	3 1993	4 2032	5 2071
6 2110	7 2149	8 2188	9 2227
: 2266	; 2305	< 2344	= 2383
> 2422	? 2461	A 2539	B 2578
C 2617	D 2656	E 2695	F 2734
G 2773	H 2812	I 2851	J 2890
K 2929	L 2968	M 3007	N 3046
O 3085	P 3124	Q 3163	R 3202
S 3241	T 3280	U 3319	V 3358
W 3397	X 3436	Y 3475	Z 3514
[3553	\ 3592	] 3631	a 3787
b 3826	c 3865	d 3904	e 3943
f 3982	g 4021	h 4060	i 4099
j 4138	k 4177	l 4216	m 4255
n 4294	o 4333	p 4372	q 4411
r 4450	s 4489	t 4528	u 4567
v 4606	w 4645	x 4684	y 4723
z 4762	Ä 7648	Ö 8350	Ü 8584
ß 8701	ä 8896	ö 9598	ü 9832

Leer 1252

Nr.	Aufgabe 1		Aufgabe 2	Zahl	Zeichen
1)	ggT(90 ; 120)	;	ggT(255 ; 170)	3085	O
2)	ggT(200 ; 160)	;	ggT(60 ; 120)		
3)	ggT(42 ; 84)	;	ggT(470 ; 94)		
4)	ggT(195 ; 78)	;	ggT(215 ; 86)		
5)	ggT(36 ; 24)	;	ggT(52 ; 104)		
6)	ggT(99 ; 66)	;	ggT(291 ; 388)		
7)	ggT(40 ; 80)	;	ggT(297 ; 99)		
8)	ggT(220 ; 44)	;	ggT(267 ; 89)		
9)	ggT(44 ; 44)	;	ggT(89 ; 178)		
10)	ggT(195 ; 78)	;	ggT(129 ; 172)		
11)	ggT(42 ; 84)	;	ggT(94 ; 94)		
12)	ggT(12 ; 48)	;	ggT(260 ; 104)		
13)	ggT(40 ; 160)	;	ggT(297 ; 396)		
14)	ggT(132 ; 44)	;	ggT(89 ; 89)		
15)	ggT(225 ; 45)	;	ggT(28 ; 56)		
16)	ggT(60 ; 24)	;	ggT(156 ; 104)		
17)	ggT(39 ; 156)	;	ggT(20 ; 8)		
18)	ggT(37 ; 148)	;	ggT(435 ; 348)		
19)	ggT(132 ; 44)	;	ggT(89 ; 356)		
20)	ggT(60 ; 12)	;	ggT(52 ; 104)		
21)	ggT(145 ; 116)	;	ggT(68 ; 68)		
22)	ggT(117 ; 39)	;	ggT(43 ; 172)		
23)	ggT(114 ; 38)	;	ggT(78 ; 52)		
24)	ggT(39 ; 78)	;	ggT(129 ; 172)		
25)	ggT(42 ; 84)	;	ggT(94 ; 376)		
26)	ggT(12 ; 12)	;	ggT(260 ; 104)		
27)	ggT(42 ; 84)	;	ggT(94 ; 188)		
28)	ggT(225 ; 180)	;	ggT(201 ; 268)		
29)	ggT(220 ; 176)	;	ggT(250 ; 200)		
30)	ggT(60 ; 12)	;	ggT(156 ; 52)		
31)	ggT(200 ; 80)	;	ggT(300 ; 60)		
32)	ggT(111 ; 37)	;	ggT(435 ; 87)		
33)	ggT(126 ; 42)	;	ggT(80 ; 64)		
34)	ggT(114 ; 38)	;	ggT(26 ; 52)		
35)	ggT(12 ; 24)	;	ggT(156 ; 52)		
36)	ggT(220 ; 176)	;	ggT(267 ; 89)		
37)	ggT(215 ; 86)	;	ggT(99 ; 33)		
38)	ggT(12 ; 48)	;	ggT(260 ; 208)		
39)	ggT(200 ; 160)	;	ggT(297 ; 396)		
40)	ggT(210 ; 84)	;	ggT(470 ; 376)		
41)	ggT(225 ; 90)	;	ggT(140 ; 112)		
42)	ggT(117 ; 78)	;	ggT(215 ; 43)		
43)	ggT(220 ; 88)	;	ggT(250 ; 100)		
44)	ggT(39 ; 78)	;	ggT(43 ; 43)		
45)	ggT(44 ; 44)	;	ggT(89 ; 178)		
46)	ggT(220 ; 44)	;	ggT(89 ; 89)		
47)	ggT(37 ; 74)	;	ggT(261 ; 348)		
48)	ggT(42 ; 42)	;	ggT(282 ; 94)		
49)	ggT(225 ; 90)	;	ggT(84 ; 56)		
50)	ggT(12 ; 24)	;	ggT(455 ; 91)		

!	"	%	(
1291	1330	1447	1564
)	+	,	-
1603	1681	1720	1759
.	/	0	1
1798	1837	1876	1915
2	3	4	5
1954	1993	2032	2071
6	7	8	9
2110	2149	2188	2227
:	;	<	=
2266	2305	2344	2383
>	?	A	B
2422	2461	2539	2578
C	D	E	F
2617	2656	2695	2734
G	H	I	J
2773	2812	2851	2890
K	L	M	N
2929	2968	3007	3046
O	P	Q	R
3085	3124	3163	3202
S	T	U	V
3241	3280	3319	3358
W	X	Y	Z
3397	3436	3475	3514
[	\	]	a
3553	3592	3631	3787
b	c	d	e
3826	3865	3904	3943
f	g	h	i
3982	4021	4060	4099
j	k	l	m
4138	4177	4216	4255
n	o	p	q
4294	4333	4372	4411
r	s	t	u
4450	4489	4528	4567
v	w	x	y
4606	4645	4684	4723
z	Ä	Ö	Ü
4762	7648	8350	8584
ß	ä	ö	ü
8701	8896	9598	9832

Leer
1252

1)	ggT(78 ; 104)	; ggT(475 ; 95)	2695	E
2)	ggT(200 ; 80)	; ggT(297 ; 198)		
3)	ggT(210 ; 168)	; ggT(282 ; 188)		
4)	ggT(60 ; 24)	; ggT(260 ; 104)		
5)	ggT(125 ; 50)	; ggT(390 ; 156)		
6)	ggT(185 ; 148)	; ggT(435 ; 87)		
7)	ggT(210 ; 84)	; ggT(80 ; 32)		
8)	ggT(210 ; 168)	; ggT(48 ; 16)		
9)	ggT(215 ; 172)	; ggT(33 ; 132)		
10)	ggT(126 ; 84)	; ggT(282 ; 94)		
11)	ggT(12 ; 48)	; ggT(156 ; 104)		
12)	ggT(43 ; 86)	; ggT(216 ; 72)		
13)	ggT(210 ; 42)	; ggT(80 ; 16)		
14)	ggT(185 ; 37)	; ggT(87 ; 174)		
15)	ggT(45 ; 90)	; ggT(28 ; 28)		
16)	ggT(141 ; 94)	; ggT(186 ; 248)		
17)	ggT(45 ; 45)	; ggT(140 ; 56)		
18)	ggT(85 ; 68)	; ggT(100 ; 40)		
19)	ggT(12 ; 12)	; ggT(52 ; 104)		
20)	ggT(138 ; 46)	; ggT(225 ; 180)		
21)	ggT(117 ; 156)	; ggT(129 ; 43)		
22)	ggT(210 ; 84)	; ggT(94 ; 94)		
23)	ggT(210 ; 42)	; ggT(470 ; 94)		
24)	ggT(36 ; 12)	; ggT(156 ; 52)		
25)	ggT(42 ; 84)	; ggT(275 ; 220)		
26)	ggT(185 ; 37)	; ggT(87 ; 87)		
27)	ggT(210 ; 42)	; ggT(282 ; 188)		
28)	ggT(60 ; 12)	; ggT(156 ; 208)		
29)	ggT(40 ; 160)	; ggT(99 ; 99)		
30)	ggT(200 ; 80)	; ggT(180 ; 120)		
31)	ggT(126 ; 168)	; ggT(282 ; 376)		
32)	ggT(60 ; 48)	; ggT(52 ; 208)		
33)	ggT(235 ; 47)	; ggT(62 ; 248)		
34)	ggT(135 ; 90)	; ggT(201 ; 268)		
35)	ggT(36 ; 48)	; ggT(260 ; 104)		
36)	ggT(44 ; 176)	; ggT(89 ; 356)		
37)	ggT(135 ; 90)	; ggT(84 ; 28)		
38)	ggT(185 ; 148)	; ggT(435 ; 348)		
39)	ggT(132 ; 88)	; ggT(150 ; 200)		
40)	ggT(123 ; 82)	; ggT(77 ; 77)		
41)	ggT(36 ; 24)	; ggT(260 ; 208)		
42)	ggT(185 ; 74)	; ggT(87 ; 174)		
43)	ggT(225 ; 45)	; ggT(335 ; 268)		
44)	ggT(195 ; 78)	; ggT(410 ; 328)		
45)	ggT(190 ; 76)	; ggT(130 ; 104)		
46)	ggT(42 ; 84)	; ggT(80 ; 64)		
47)	ggT(88 ; 352)	; ggT(96 ; 384)		
48)	ggT(132 ; 176)	; ggT(445 ; 89)		
49)	ggT(45 ; 180)	; ggT(140 ; 28)		
50)	ggT(12 ; 24)	; ggT(91 ; 91)		

!	"	%	(
1291	1330	1447	1564
)	+	,	-
1603	1681	1720	1759
.	/	0	1
1798	1837	1876	1915
2	3	4	5
1954	1993	2032	2071
6	7	8	9
2110	2149	2188	2227
:	;	<	=
2266	2305	2344	2383
>	?	A	B
2422	2461	2539	2578
C	D	E	F
2617	2656	2695	2734
G	H	I	J
2773	2812	2851	2890
K	L	M	N
2929	2968	3007	3046
O	P	Q	R
3085	3124	3163	3202
S	T	U	V
3241	3280	3319	3358
W	X	Y	Z
3397	3436	3475	3514
[	\	]	a
3553	3592	3631	3787
b	c	d	e
3826	3865	3904	3943
f	g	h	i
3982	4021	4060	4099
j	k	l	m
4138	4177	4216	4255
n	o	p	q
4294	4333	4372	4411
r	s	t	u
4450	4489	4528	4567
v	w	x	y
4606	4645	4684	4723
z	Ä	Ö	Ü
4762	7648	8350	8584
ß	ä	ö	ü
8701	8896	9598	9832

Leer
1252

1)	54 t - 24 u = 486	;	-41 t - 63 u = -4755	3354	V
2)	81 s - 31 t = 424	;	-12 s + 76 t = 5864		
3)	17 v + 72 w = 4060	;	-65 v - 86 w = -6816		
4)	-66 w + 45 x = 1635	;	-22 w - 32 x = -3920		
5)	62 v + 51 w = 6527	;	-56 v + 51 w = 2161		
6)	17 w + 93 x = 2692	;	-9 w + 93 x = 1704		
7)	60 x - 6 y = 2448	;	93 x - 76 y = 2994		
8)	-72 x + 57 y = -585	;	37 x + 13 y = 1950		
9)	-78 r - 45 s = -7326	;	3 r - 43 s = -3744		
10)	18 y - 78 z = -4530	;	59 y + 16 z = 3625		
11)	90 v - 46 w = -488	;	66 v + 44 w = 6094		
12)	86 v - 4 w = 2850	;	-65 v - 82 w = -9211		
13)	-22 v - 39 w = -2762	;	65 v - 53 w = 422		
14)	-10 s + 19 t = 351	;	60 s - 73 t = -507		
15)	68 u + 90 v = 5136	;	-52 u - 20 v = -1584		
16)	-89 p + 49 q = -2829	;	-17 p - 92 q = -2973		
17)	55 r - 70 s = -800	;	11 r - 48 s = -1724		
18)	66 r + 87 s = 5967	;	-21 r - 27 s = -1872		
19)	21 y + 18 z = 2223	;	-32 y + 45 z = 2262		
20)	-22 y + 20 z = 702	;	-88 y + 17 z = -2106		
21)	38 s - 12 t = 1014	;	52 s + 91 t = 5577		
22)	42 w + 98 x = 10584	;	-34 w - 35 x = -4578		
23)	13 v - 10 w = -324	;	17 v + 72 w = 3660		
24)	7 p - 95 q = -7767	;	-74 p + 74 q = 3034		
25)	16 r + 57 s = 2847	;	89 r - 18 s = 2769		
26)	-25 x - 40 y = -3240	;	44 x + 81 y = 6296		
27)	97 x + 25 y = 5418	;	-3 x + 97 y = 4330		
28)	-26 t + 32 u = 1224	;	-26 t + 88 u = 3912		
29)	24 r - 95 s = -655	;	-94 r - 2 s = -3794		
30)	9 p - 35 q = -1014	;	-9 p - 46 q = -2145		
31)	37 y - 76 z = -1868	;	84 y + 45 z = 5766		
32)	25 t - 97 u = -7680	;	69 t + 55 u = 7848		
33)	-40 p - 59 q = -3861	;	36 p - 29 q = 273		
34)	75 p - 31 q = -588	;	-59 p + 25 q = 492		
35)	62 v + 93 w = 8091	;	-28 v - 82 w = -6414		
36)	-3 y - 11 z = -258	;	46 y + 55 z = 2592		
37)	83 s + 34 t = 4563	;	-56 s - 24 t = -3120		
38)	17 t - 38 u = -2930	;	59 t + 38 u = 5970		
39)	-52 w - 38 x = -4294	;	91 w - 72 x = -934		
40)	85 q - 58 r = 152	;	39 q - 50 r = -1240		
41)	-60 q - 72 r = -7236	;	86 q + 55 r = 7335		
42)	-84 t - 57 u = -8658	;	-51 t - 25 u = -4392		
43)	63 u + 95 v = 4135	;	-47 u + 57 v = -911		
44)	-17 t - 70 u = -6698	;	-2 t - 36 u = -3148		
45)	19 q - 42 r = -2039	;	-6 q - 92 r = -6514		
46)	49 r - 20 s = 153	;	-59 r - 87 s = -9404		
47)	-40 p + 22 q = 346	;	95 p + 43 q = 7084		
48)	16 u + 58 v = 3372	;	-83 u - 2 v = -3744		
49)	-5 r - 18 s = -897	;	27 r + 19 s = 1794		
50)	-66 u - 69 v = -6795	;	-55 u - 12 v = -1704		

!	"	%	(
1287	1326	1443	1560
)	+	,	-
1599	1677	1716	1755
.	/	0	1
1794	1833	1872	1911
2	3	4	5
1950	1989	2028	2067
6	7	8	9
2106	2145	2184	2223
:	;	<	=
2262	2301	2340	2379
>	?	A	B
2418	2457	2535	2574
C	D	E	F
2613	2652	2691	2730
G	H	I	J
2769	2808	2847	2886
K	L	M	N
2925	2964	3003	3042
O	P	Q	R
3081	3120	3159	3198
S	T	U	V
3237	3276	3315	3354
W	X	Y	Z
3393	3432	3471	3510
[	\	]	a
3549	3588	3627	3783
b	c	d	e
3822	3861	3900	3939
f	g	h	i
3978	4017	4056	4095
j	k	l	m
4134	4173	4212	4251
n	o	p	q
4290	4329	4368	4407
r	s	t	u
4446	4485	4524	4563
v	w	x	y
4602	4641	4680	4719
z	Ä	Ö	Ü
4758	7644	8346	8580
ß	ä	ö	ü
8697	8892	9594	9828

Leer
1248

Nr.	Gleichung 1		Gleichung 2	Lösung	Zeichen
1)	86 t - 17 u = 1812	;	81 t + 81 u = 4617	2730	F
2)	66 v + 21 w = 4185	;	-42 v + 47 w = 2347		
3)	93 y - 8 z = 3681	;	-32 y + 87 z = 4041		
4)	-20 s - 23 t = -1116	;	-24 s - 36 t = -1440		
5)	-51 y - 20 z = -3160	;	39 y + 12 z = 2232		
6)	55 v - 87 w = -1248	;	-96 v - 47 w = -5577		
7)	17 x + 78 y = 8090	;	80 x - 91 y = -5445		
8)	25 w + 77 x = 2973	;	57 w - 86 x = 501		
9)	-75 x + 44 y = 1212	;	-54 x - 64 y = -3720		
10)	-44 v - 10 w = -2710	;	60 v + 78 w = 9810		
11)	-8 y + 97 z = 7893	;	-82 y + 69 z = 2257		
12)	66 w + 76 x = 4794	;	-74 w - 31 x = -4074		
13)	24 p + 2 q = 384	;	-12 p - 49 q = -2496		
14)	30 x - 71 y = -1599	;	97 x + 58 y = 6045		
15)	22 y - 26 z = -1590	;	63 y + 79 z = 10025		
16)	-80 u - 57 v = -8490	;	38 u - 89 v = -6414		
17)	78 t - 4 u = 744	;	-42 t + 58 u = 2280		
18)	-18 q - 21 r = -1521	;	-9 q + 15 r = 234		
19)	69 p - 71 q = -230	;	92 p + 2 q = 4140		
20)	79 r + 40 s = 6876	;	-93 r - 37 s = -7237		
21)	5 p + 79 q = 2121	;	40 p + 25 q = 2400		
22)	-82 y + 42 z = -1560	;	19 y + 99 z = 4602		
23)	6 t - 15 u = -426	;	-9 t - 34 u = -1960		
24)	9 w + 69 x = 3420	;	-71 w - 14 x = -1524		
25)	-58 s + 65 t = 549	;	84 s - 77 t = -161		
26)	63 r + 51 s = 5505	;	-76 r - 45 s = -5633		
27)	77 s - 85 t = -1680	;	-7 s + 81 t = 4256		
28)	15 s + 71 t = 3926	;	28 s + 48 t = 3440		
29)	26 y + 3 z = 1325	;	81 y + 98 z = 12550		
30)	72 v - 97 w = 912	;	92 v + 73 w = 5892		
31)	94 w - 2 x = 4182	;	-46 w + 5 x = -1950		
32)	53 r - 37 s = -1140	;	34 r + 24 s = 1560		
33)	21 s + 38 t = 4450	;	7 s + 38 t = 3890		
34)	-92 u - 66 v = -9804	;	-60 u - 90 v = -10620		
35)	7 p - 10 q = -396	;	-8 p + 83 q = 3888		
36)	-44 u + 90 v = -1716	;	94 u - 91 v = 3666		
37)	-10 q - 12 r = -1540	;	57 q - 13 r = 1045		
38)	-43 u - 69 v = -4368	;	-17 u - 87 v = -4056		
39)	-17 r - 5 s = -444	;	-87 r + 48 s = 1260		
40)	20 x + 57 y = 5707	;	-88 x + 86 y = 5538		
41)	75 p - 89 q = -5455	;	-95 p + 59 q = 1805		
42)	-89 x + 76 y = 3102	;	40 x + 69 y = 7890		
43)	79 x - 68 y = -2304	;	50 x - 95 y = -5875		
44)	52 v - 5 w = 1509	;	-9 v - 15 w = -1578		
45)	-12 u + 51 v = 2097	;	-50 u - 22 v = -3222		
46)	60 r + 12 s = 3336	;	-57 r - 25 s = -4162		
47)	12 x + 67 y = 3081	;	-87 x + 59 y = -1092		
48)	-95 s + 84 t = 4180	;	-32 s + 61 t = 4515		
49)	74 w - 98 x = 978	;	2 w - 38 x = -822		
50)	-39 t + 77 u = 6231	;	98 t + 63 u = 6657		

!	"	%	(
1287	1326	1443	1560
)	+	,	-
1599	1677	1716	1755
.	/	0	1
1794	1833	1872	1911
2	3	4	5
1950	1989	2028	2067
6	7	8	9
2106	2145	2184	2223
:	;	<	=
2262	2301	2340	2379
>	?	A	B
2418	2457	2535	2574
C	D	E	F
2613	2652	2691	2730
G	H	I	J
2769	2808	2847	2886
K	L	M	N
2925	2964	3003	3042
O	P	Q	R
3081	3120	3159	3198
S	T	U	V
3237	3276	3315	3354
W	X	Y	Z
3393	3432	3471	3510
[	\	]	a
3549	3588	3627	3783
b	c	d	e
3822	3861	3900	3939
f	g	h	i
3978	4017	4056	4095
j	k	l	m
4134	4173	4212	4251
n	o	p	q
4290	4329	4368	4407
r	s	t	u
4446	4485	4524	4563
v	w	x	y
4602	4641	4680	4719
z	Ä	Ö	Ü
4758	7644	8346	8580
ß	ä	ö	ü
8697	8892	9594	9828

Leer
1248

1)	-60 y + 11 z = -957	;	-27 y + 26 z = 1527	3393	W
2)	-50 w - 47 x = -3783	;	-17 w + 84 x = 2613		
3)	-31 p - 73 q = -4722	;	-38 p + 40 q = 168		
4)	8 t - 16 u = -672	;	52 t - 67 u = -2592		
5)	-51 r - 30 s = -4794	;	-16 r + 12 s = 316		
6)	-63 u + 64 v = 39	;	84 u + 31 v = 4485		
7)	-50 p - 68 q = -8460	;	-74 p - 55 q = -8185		
8)	-44 p - 59 q = -7158	;	-98 p + 27 q = -1686		
9)	93 r + 80 s = 6747	;	-30 r + 15 s = -585		
10)	66 s + 41 t = 2760	;	-81 s - 73 t = -4476		
11)	-71 x - 31 y = -2223	;	-69 x + 27 y = -1989		
12)	-6 t - 9 u = -1095	;	-44 t + 32 u = 1280		
13)	-94 x - 7 y = -4398	;	60 x + 14 y = 3036		
14)	-48 s + 67 t = 1401	;	-43 s + 68 t = 1662		
15)	23 t - 57 u = -1326	;	-39 t + 93 u = 2106		
16)	4 q + 57 r = 5298	;	43 q - 72 r = -4674		
17)	-66 r + 19 s = -1289	;	65 r - 72 s = -3260		
18)	-22 u + 19 v = 323	;	-20 u + 29 v = 1009		
19)	-60 t - 65 u = -6040	;	77 t + 13 u = 3808		
20)	67 u - 21 v = 1794	;	-26 u + 17 v = -351		
21)	-61 q - 38 r = -5982	;	21 q + 10 r = 1782		
22)	49 t - 49 u = -1764	;	-70 t + 72 u = 2616		
23)	-24 q + 88 r = 6416	;	62 q - 50 r = -1856		
24)	89 w + 28 x = 5090	;	-67 w + 6 x = -2180		
25)	30 u - 84 v = -3504	;	-41 u - 39 v = -3824		
26)	38 w - 62 x = 222	;	92 w + 3 x = 4212		
27)	21 p + 30 q = 1989	;	53 p - 93 q = -1560		
28)	58 p - 53 q = 1338	;	24 p + 86 q = 3144		
29)	9 q + 77 r = 3804	;	6 q - 35 r = -1608		
30)	58 s + 96 t = 6604	;	91 s - 47 t = 2259		
31)	79 y + 51 z = 8005	;	-15 y - 6 z = -1170		
32)	-7 r + 13 s = 290	;	-46 r + 3 s = -1886		
33)	-55 r + 15 s = -2145	;	-33 r + 42 s = -1287		
34)	-31 p - 79 q = -4164	;	-85 p + 67 q = 2196		
35)	3 v + 71 w = 6167	;	-84 v + 47 w = 299		
36)	4 y + 22 z = 1014	;	60 y + 90 z = 5850		
37)	6 p + 6 q = 324	;	-62 p + 81 q = -1632		
38)	-64 x - 53 y = -3598	;	76 x + 54 y = 4076		
39)	-95 w + 57 x = 665	;	-80 w - 3 x = -3775		
40)	-3 v - 19 w = -591	;	-56 v - 29 w = -3216		
41)	-6 q - 47 r = -2328	;	35 q - 52 r = -2076		
42)	16 q + 62 r = 1694	;	99 q + 80 r = 5320		
43)	-30 x - 86 y = -4524	;	-30 x - 84 y = -4446		
44)	-24 y + 78 z = 5586	;	53 y - 3 z = 1712		
45)	-28 p + 44 q = 1620	;	-23 p + 53 q = 2359		
46)	-80 q - 84 r = -7904	;	2 q - 92 r = -5072		
47)	-43 p - 47 q = -3063	;	-43 p + 74 q = -159		
48)	58 u + 92 v = 5850	;	-98 u + 24 v = -2886		
49)	-72 r - 14 s = -3576	;	-27 r - 79 s = -3111		
50)	-35 u + 10 v = 450	;	-19 u - 74 v = -6666		

!	"	%	(
1287	1326	1443	1560
)	+	,	-
1599	1677	1716	1755
.	/	0	1
1794	1833	1872	1911
2	3	4	5
1950	1989	2028	2067
6	7	8	9
2106	2145	2184	2223
:	;	<	=
2262	2301	2340	2379
>	?	A	B
2418	2457	2535	2574
C	D	E	F
2613	2652	2691	2730
G	H	I	J
2769	2808	2847	2886
K	L	M	N
2925	2964	3003	3042
O	P	Q	R
3081	3120	3159	3198
S	T	U	V
3237	3276	3315	3354
W	X	Y	Z
3393	3432	3471	3510
[	\	]	a
3549	3588	3627	3783
b	c	d	e
3822	3861	3900	3939
f	g	h	i
3978	4017	4056	4095
j	k	l	m
4134	4173	4212	4251
n	o	p	q
4290	4329	4368	4407
r	s	t	u
4446	4485	4524	4563
v	w	x	y
4602	4641	4680	4719
z	Ä	Ö	Ü
4758	7644	8346	8580
ß	ä	ö	ü
8697	8892	9594	9828

Leer
1248

1)	-61 r - 42 s = -2907	54 r + 81 s = 3888	2730	F
2)	78 y - 98 z = -780	-47 y - 66 z = -4407		
3)	-84 s + 7 t = -2968	30 s - 39 t = -984		
4)	-92 s - 34 t = -4272	96 s - 26 t = 3720		
5)	57 y - 94 z = -1443	-53 y + 87 z = 1326		
6)	89 t - 44 u = 1892	-61 t - 21 u = -3650		
7)	14 t + 65 u = 3288	-98 t - 88 u = -5400		
8)	95 y - 56 z = 1217	-42 y + 91 z = 3304		
9)	69 s - 77 t = -1746	83 s - 77 t = -1116		
10)	-59 s - 66 t = -3876	29 s - 35 t = -1332		
11)	59 u - 33 v = 2648	7 u - 37 v = 248		
12)	-29 u - 16 v = -1755	-56 u + 28 v = -1092		
13)	66 t + 5 u = 3134	23 t + 71 u = 4278		
14)	17 y - 59 z = -2623	14 y - 66 z = -3170		
15)	-99 w + 74 x = -975	-82 w - 66 x = -5772		
16)	-24 v - 65 w = -7135	53 v + 43 w = 6205		
17)	-59 r + 91 s = 2736	98 r + 43 s = 6328		
18)	-50 p - 30 q = -3120	-44 p - 34 q = -3042		
19)	41 t + 51 u = 6312	69 t - 19 u = 1188		
20)	44 w - 80 x = -3312	-34 w - 96 x = -5016		
21)	-16 x + 4 y = -520	-12 x + 23 y = 770		
22)	-38 s - 55 t = -3627	-61 s - 24 t = -3315		
23)	-81 p + 31 q = -1692	54 p + 90 q = 8100		
24)	59 y + 57 z = 3329	26 y + 87 z = 2519		
25)	-62 q - 37 r = -3678	-86 q + 60 r = -2430		
26)	-73 v + 70 w = 2484	76 v + 18 w = 1776		
27)	62 y + 56 z = 2964	84 y - 10 z = 3844		
28)	68 t - 58 u = 1242	-99 t - 97 u = -7070		
29)	-45 s + 68 t = 4230	22 s - 30 t = -1776		
30)	-32 q - 34 r = -2016	-50 q - 23 r = -1704		
31)	19 r + 34 s = 2067	-54 r - 58 s = -4368		
32)	32 p - 79 q = -3603	-68 p + 93 q = 3089		
33)	-13 s + 50 t = 2280	32 s + 35 t = 3240		
34)	-6 u - 27 v = -918	31 u + 16 v = 1779		
35)	91 s - 82 t = 351	-91 s + 22 t = -2691		
36)	-56 u - 38 v = -4212	55 u + 9 v = 2834		
37)	-91 y - 88 z = -5316	89 y - 91 z = -3300		
38)	-60 p - 95 q = -4470	86 p - 17 q = 1812		
39)	89 v - 33 w = 2398	-34 v + 95 w = 2874		
40)	-12 s + 4 t = -312	-73 s - 29 t = -3978		
41)	-40 w + 43 x = 909	-98 w - 79 x = -9387		
42)	52 s - 67 t = -3846	84 s - 23 t = 1458		
43)	-90 v + 34 w = -3510	-38 v + 39 w = -1482		
44)	-79 s - 5 t = -3901	-26 s - 60 t = -6244		
45)	40 y - 15 z = 605	44 y + 67 z = 5759		
46)	-36 y - 53 z = -4408	14 y - 96 z = -4816		
47)	47 w + 60 x = 6719	35 w - 11 x = 382		
48)	-58 r - 28 s = -4446	-41 r + 96 s = 5889		
49)	-57 r + 30 s = -1845	-22 r - 20 s = -1470		
50)	-13 w + 29 x = 2367	29 w - 83 x = -6873		

! 1287	" 1326	% 1443	(1560
) 1599	+ 1677	, 1716	- 1755
. 1794	/ 1833	0 1872	1 1911
2 1950	3 1989	4 2028	5 2067
6 2106	7 2145	8 2184	9 2223
: 2262	; 2301	< 2340	= 2379
> 2418	? 2457	A 2535	B 2574
C 2613	D 2652	E 2691	F 2730
G 2769	H 2808	I 2847	J 2886
K 2925	L 2964	M 3003	N 3042
O 3081	P 3120	Q 3159	R 3198
S 3237	T 3276	U 3315	V 3354
W 3393	X 3432	Y 3471	Z 3510
[3549	\ 3588	] 3627	a 3783
b 3822	c 3861	d 3900	e 3939
f 3978	g 4017	h 4056	i 4095
j 4134	k 4173	l 4212	m 4251
n 4290	o 4329	p 4368	q 4407
r 4446	s 4485	t 4524	u 4563
v 4602	w 4641	x 4680	y 4719
z 4758	Ä 7644	Ö 8346	Ü 8580
ß 8697	ä 8892	ö 9594	ü 9828

Leer 1248

1) $-21t - 92u + 58v = -133$
$-16t + 91u + 89v = 8360$
$69t - 58u + 14v = 715$

2) $-17v - 17w + 46x = -630$
$5v + 5w + 60x = 1950$
$-12v - 22w + 11x = -1570$

3) $93r + 57s + 35t = 10576$
$-29r - 57s + 79t = -2102$
$-4r + 32s + 14t = 3502$

4) $-13u - 5v + 91w = 5170$
$97u - 93v + 42w = 2425$
$5u + 7v + 15w = 1490$

5) $41r + 68s + 77t = 6129$
$-63r + 20s + 89t = 2069$
$-21r - 80s + 63t = 1043$

6) $-95s + 29t + 54u = -2949$
$22s - 8t + 51u = 1436$
$-29s - 19t + 56u = -621$

7) $2q + 29r + 31s = 353$
$-29q + 89r + 5s = -588$
$-26q + 57r + 7s = -707$

8) $-97p - 87q + 88r = -4740$
$-55p + 70q + 29r = 1220$
$70p - 88q + 47r = 1006$

9) $-52r + 85s + 82t = 8590$
$77r + 95s + 96t = 15127$
$97r + 9s + 82t = 9233$

10) $58q - 74r + 97s = 9547$
$92q - 30r + 39s = 6853$
$-11q - 69r + 22s = -464$

11) $64x + 45y + 33z = 7301$
$-55x - 56y + 57z = 1315$
$23x + 28y + 55z = 7077$

12) $-18v - 63w + 52x = -4058$
$-40v + 19w + 61x = 131$
$67v + 30w + 94x = 6164$

13) $-76u + 90v + 36w = 2776$
$-41u - 46v + 64w = 2896$
$-67u + 59v + 80w = 6422$

14) $77v + 35w + 29x = 7195$
$82v + 87w + 16x = 10379$
$11v + 13w + 76x = 5029$

15) $89t + 62u + 39v = 11091$
$-74t - 77u + 41v = -7646$
$37t + 5u + 34v = 3663$

16) $30v - 82w + 86x = -266$
$-33v - 37w + 70x = 374$
$-5v - 35w + 80x = 2490$

273563	G

! 127149	" 131002	% 142561	(154120
) 157973	+ 165679	, 169532	- 173385
. 177238	/ 181091	0 184944	1 188797
2 192650	3 196503	4 200356	5 204209
6 208062	7 211915	8 215768	9 219621
: 223474	; 227327	< 231180	= 235033
> 238886	? 242739	A 250445	B 254298
C 258151	D 262004	E 265857	F 269710
G 273563	H 277416	I 281269	J 285122
K 288975	L 292828	M 296681	N 300534
O 304387	P 308240	Q 312093	R 315946
S 319799	T 323652	U 327505	V 331358
W 335211	X 339064	Y 342917	Z 346770
[350623	\ 354476	] 358329	a 373741
b 377594	c 381447	d 385300	e 389153
f 393006	g 396859	h 400712	i 404565
j 408418	k 412271	l 416124	m 419977
n 423830	o 427683	p 431536	q 435389
r 439242	s 443095	t 446948	u 450801
v 454654	w 458507	x 462360	y 466213
z 470066	Ä 755188	Ö 824542	Ü 847660
ß 859219	ä 878484	ö 947838	ü 970956

Leer 123296

1) -21 w + 73 x + 94 y = 15736
20 w + 37 x + 57 y = 9852
-70 w - 61 x + 67 y = -1454

2) 17 s - 39 t + 64 u = 3108
91 s + 42 t + 39 u = 5879
69 s + 19 t + 41 u = 4815

3) -40 s + 17 t + 23 u = -1205
-38 s - 63 t + 36 u = -1529
85 s + 45 t + 37 u = 4159

4) -38 t + 52 u + 42 v = -1252
-62 t - 8 u + 99 v = -2755
-66 t - 53 u + 6 v = -3388

5) -83 s + 65 t + 30 u = 1282
-34 s - 62 t + 85 u = -3136
95 s + 15 t + 65 u = 6370

6) 82 v - 14 w + 53 x = 4651
88 v + 16 w + 4 x = 5012
-80 v + 61 w + 66 x = 6009

7) 40 p - 67 q + 79 r = 5920
23 p + 69 q + 20 r = 4404
-76 p - 60 q + 89 r = 5712

8) 83 q - 82 r + 10 s = 280
-2 q - 74 r + 42 s = -680
46 q + 25 r + 85 s = 8490

9) 29 s + 10 t + 63 u = 7561
56 s - 91 t + 99 u = 9139
28 s + 11 t + 21 u = 3557

10) 63 r + 45 s + 3 t = 6021
-36 r + 2 s + 58 t = 1338
-53 r - 4 s + 73 t = 896

11) 52 u - 75 v + 29 w = 1008
-88 u - 30 v + 2 w = -1824
54 u + 21 v + 91 w = 10056

12) -19 s + 78 t + 35 u = 2015
-61 s + 32 t + 87 u = 2219
-45 s + 61 t + 23 u = 225

13) 11 s + 76 t + 17 u = 7649
-17 s + 38 t + 48 u = 6158
-73 s + 4 t + 68 u = 2882

14) -84 q - 29 r + 60 s = -752
-9 q + 20 r + 49 s = 5209
-98 q + 5 r + 67 s = 1825

15) 71 r + 30 s + 49 t = 5917
9 r - 49 s + 20 t = -2140
-83 r - 54 s + 81 t = -4753

16) 83 v + 44 w + 3 x = 4267
-73 v - 93 w + 76 x = -3755
13 v - 2 w + 6 x = 308

319799	S

!	"	%	(
127149	131002	142561	154120
)	+	,	-
157973	165679	169532	173385
.	/	0	1
177238	181091	184944	188797
2	3	4	5
192650	196503	200356	204209
6	7	8	9
208062	211915	215768	219621
:	;	<	=
223474	227327	231180	235033
>	?	A	B
238886	242739	250445	254298
C	D	E	F
258151	262004	265857	269710
G	H	I	J
273563	277416	281269	285122
K	L	M	N
288975	292828	296681	300534
O	P	Q	R
304387	308240	312093	315946
S	T	U	V
319799	323652	327505	331358
W	X	Y	Z
335211	339064	342917	346770
[	\	]	a
350623	354476	358329	373741
b	c	d	e
377594	381447	385300	389153
f	g	h	i
393006	396859	400712	404565
j	k	l	m
408418	412271	416124	419977
n	o	p	q
423830	427683	431536	435389
r	s	t	u
439242	443095	446948	450801
v	w	x	y
454654	458507	462360	466213
z	Ä	Ö	Ü
470066	755188	824542	847660
ß	ä	ö	ü
859219	878484	947838	970956

Leer
123296

1)	83 p - 9 q + 13 r = 3008
	-30 p + 22 q + 83 r = 4148
	92 p + 91 q + 63 r = 9496
2)	47 s + 98 t + 36 u = 12549
	72 s + 93 t + 20 u = 12492
	97 s - 40 t + 82 u = 3935
3)	-11 q - 22 r + 29 s = 455
	-68 q - 21 r + 94 s = 2445
	21 q - 47 r + 33 s = 870
4)	-30 u - 4 v + 89 w = 2391
	9 u - 48 v + 4 w = -1279
	-92 u + 63 v + 47 w = 854
5)	-91 r - 73 s + 36 t = -7320
	47 r + 82 s + 50 t = 8129
	51 r - 89 s + 59 t = -1922
6)	-21 u - 63 v + 6 w = -1692
	4 u + 57 v + 68 w = 8400
	70 u + 14 v + 44 w = 5512
7)	30 t + 77 u + 54 v = 3488
	-46 t + 11 u + 22 v = -116
	20 t + 41 u + 68 v = 3724
8)	-43 v - 4 w + 59 x = -188
	-68 v - 25 w + 61 x = -1976
	-19 v + 6 w + 66 x = 1410
9)	6 s - 48 t + 50 u = -2316
	39 s + 59 t + 94 u = 4609
	8 s - 30 t + 59 u = -1286
10)	-89 r - 69 s + 70 t = 3444
	93 r - 61 s + 23 t = 1372
	-25 r - 86 s + 69 t = 3572
11)	-84 u - 34 v + 28 w = -2560
	89 u + 18 v + 54 w = 6436
	-57 u + 16 v + 59 w = 2809
12)	-66 w + 49 x + 88 y = 5366
	-88 w + 81 x + 87 y = 7322
	57 w + 4 x + 30 y = 4079
13)	-47 q + 36 r + 54 s = 3559
	-39 q - 35 r + 51 s = -2755
	-19 q + 49 r + 72 s = 6715
14)	14 t - 82 u + 14 v = -4482
	41 t - 87 u + 33 v = -2151
	-27 t + 11 u + 28 v = 2026
15)	56 s - 86 t + 82 u = -2060
	84 s + 47 t + 34 u = 9364
	-69 s + 4 t + 35 u = -1129
16)	-75 r - 14 s + 88 t = 2418
	28 r - 35 s + 19 t = -1218
	67 r + 13 s + 93 t = 6284

323652	T

!	"	%	(
127149	131002	142561	154120
)	+	,	-
157973	165679	169532	173385
.	/	0	1
177238	181091	184944	188797
2	3	4	5
192650	196503	200356	204209
6	7	8	9
208062	211915	215768	219621
:	;	<	=
223474	227327	231180	235033
>	?	A	B
238886	242739	250445	254298
C	D	E	F
258151	262004	265857	269710
G	H	I	J
273563	277416	281269	285122
K	L	M	N
288975	292828	296681	300534
O	P	Q	R
304387	308240	312093	315946
S	T	U	V
319799	323652	327505	331358
W	X	Y	Z
335211	339064	342917	346770
[	\	]	a
350623	354476	358329	373741
b	c	d	e
377594	381447	385300	389153
f	g	h	i
393006	396859	400712	404565
j	k	l	m
408418	412271	416124	419977
n	o	p	q
423830	427683	431536	435389
r	s	t	u
439242	443095	446948	450801
v	w	x	y
454654	458507	462360	466213
z	Ä	Ö	Ü
470066	755188	824542	847660
ß	ä	ö	ü
859219	878484	947838	970956

Leer
123296